水引细工

[日] 东乡美荣子/著

虎耳草咩咩/译

中国纺织出版社

原文书名：水引細工のアクセサリー

原作者名：东乡美荣子

Copyright © 2017 Boutique-sha, Inc.

Original Japanese edition published by Boutique-sha, Inc.

Chinese simplified character translation rights arranged with Boutique-sha, Inc.

Through Shinwon Agency Beijing Representative Office, Beijing.

Chinese simplified character translation rights © 2018by China Textile & Apparel Press

本书中文简体版经日本靓丽社授权，由中国纺织出版社独家出版发行。
本书内容未经出版者书面许可，不得以任何方式或任何手段复制、转载或刊登。

著作权合同登记号：图字：01—2018—2021

图书在版编目（CIP）数据

水引细工／（日）东乡美荣子著；虎耳草咩咩译
. —— 北京：中国纺织出版社，2018.11
ISBN 978-7-5180-5457-2

Ⅰ．①水… Ⅱ．①东… ②虎… Ⅲ．①手工编织
Ⅳ．① TS935.5

中国版本图书馆 CIP 数据核字（2018）第 227674 号

策划编辑：阚媛媛　　　　责任编辑：李　萍
责任印制：储志伟　　　　责任设计：培捷文化

中国纺织出版社出版发行
地址：北京市朝阳区百子湾东里 A407 号楼　邮政编码：100124
销售电话：010—67004422　传真：010—87155801
http://www.c-textilep.com
E-mail: faxing@c-textilep.com
中国纺织出版社天猫旗舰店
官方微博 http://weibo.com/2119887771
北京华联印刷有限公司印刷　各地新华书店经销
2018 年 11 月第 1 版第 1 次印刷
开本：889×1194　1/20　印张：4
字数：80 千字　定价：39.80 元

凡购本书，如有缺页、倒页、脱页，由本社图书营销中心调换

作者介绍

东乡美荣子（mizuhikimie）

水引细工艺术家。生于日本福井县坂井市。在石川县金泽市与日本传统手艺水引邂逅，自学研究。于2013年步入水引细工艺术家行列。除原创作品的制作及贺年卡设计工作外，还举办个展及研习会。巧妙运用新鲜色彩的搭配，是新感性作品的拥护者。

https://mizuhikimie.thebase.in

目录 CONTENTS

当水引细工作品拿在手中时，

其优雅的光泽及艳丽的色彩，

带着富有张力且柔软的手感，

令人心潮澎湃。

或紧紧地编结，

或稍稍地松散，

要么选择渐变色彩，

要么做成色彩反差极大的混搭风。

通过编结方法，变换出数也数不尽的作品形态。

不经意地发现，

我已成为它深奥技法的俘虏。

很高兴能一起畅游于，

以水引细工为中心所延展出的

广阔天空。

mizuhikimie

东乡美荣子

水引细工简介

　　水引细工是极为美妙的日本传统技法。据说其历史久远，最早可追溯到飞鸟时代（译注：约始于公元593年，止于710年）。水引是将剪裁细窄的和纸条作成纸捻，涂抹浆糊后干透定型，按种类可分为缠卷金箔及纤维等。现在，材料的主要产地是日本长野县饭田市，占日本国内产量的70%。

　　起初是作为盛大节日、特别场合时的贺礼纸袋及回赠礼品等包装上的装饰物使用。日本明治时代，石川县金泽市的津田左右吉通过手工创作，孕育而生了华丽立体的水引细工，被命名为"加贺水引细工"。

　　现今，通过新兴的年轻艺术家之手，向传统的水引工艺注入了新鲜血液。水引细工既轻又牢固，还具备防水功能，因而，非常适合做成饰品。加之颜色及种类也很丰富，所以仅仅只是看看，创作激情就油然而生。

　　水引细工正在和日本的历史与时共进地发展着。请试着全神贯注，边回味着水引的绝妙文化底蕴，边进行编结制作。

玉结耳环

在有着圆滚滚可爱外形的"玉结"上，
粘贴金属饰品配件，做成简洁的耳环。
这是一款清爽干练、简洁百搭的耳环。

制作方法：第40页

油菜花结耳环

"油菜花结"的特征在于，
可以制作4片花瓣。
1根水引一圈圈地缠绕，
共绕3圈编结而成。
快乐地制作出五颜六色的水引花朵吧。

制作方法：第41页

淡路结耳环

使用了可谓是水引基础编结法编制的"淡路结"，做成了摇曳的挂钩款耳环。
图片右侧的3款作品，是稍稍变换拉紧程度编制而成的。

制作方法：第42页

环绕淡路结
链条耳环

与第10页的淡路结不同，是由2对水引材料交叉编结而成的"环绕淡路结"。
图片上中间的作品，空隙留得较大，右侧的作品是将下半段松散编结而成的。

制作方法：第43页

相连淡路结
环形耳环

连续编结3个横向淡路结,穿入环形圈的耳环。
稍显技艺,犹如蕾丝钩织出的作品。

制作方法：第44页

玉结双球耳环

这是一款漂亮的链条耳环，耳边晃动着水引。
珍珠耳堵既可以放在耳朵前面，
也可以放在耳朵后面，
是无论怎样使用都可以的作品。

制作方法：第46页

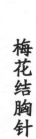

梅花结胸针

由5片花瓣组成的"梅花结"，
也是水引细工具有代表性的编结方法之一。
根据色彩的不同组合，突然就会变化出不同的气氛。

制作方法：第46页

梅花结发夹

将大中小3个尺寸的
梅花结组合而成的发夹。
使用色彩单一的水引，
给人一种雅致的感觉。

制作方法：第47页

条纹耳环&发夹

仅仅只是将水引不留缝隙地并排粘贴起来，
就变成了绚丽多彩的可爱饰品。
大的排10根、中款排7根、小的排5根。

制作方法：第48页

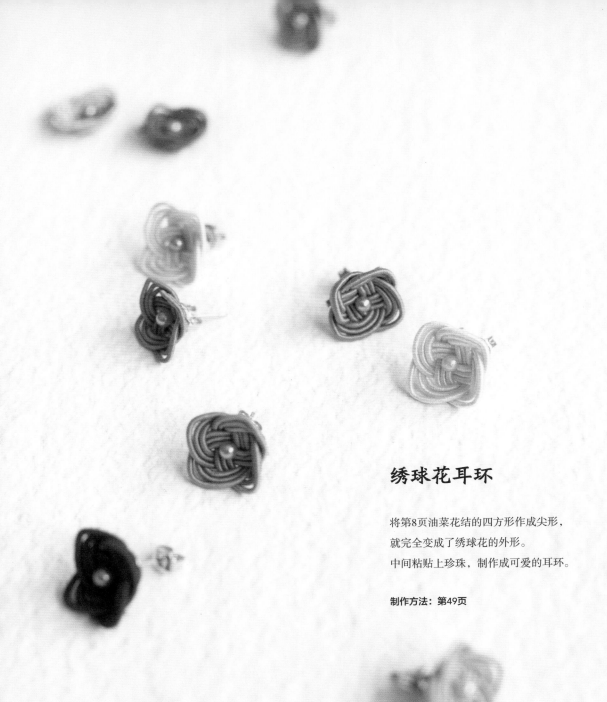

绣球花耳环

将第8页油菜花结的四方形作成尖形，
就完全变成了绣球花的外形。
中间粘贴上珍珠，制作成可爱的耳环。

制作方法：第49页

双层花朵耳环

珍珠包裹在双层花瓣中，
给人极具亲和力，
少女感十足的耳环。
是运用中间色等浅淡色彩制作而成的作品。

制作方法：第50页

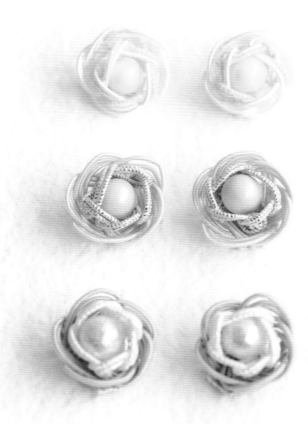

山茶花胸针

在"平梅结"上插入7根花芯，

编制而成的山茶花胸针。

除可做成胸针外，还可配在熨斗袋及礼金信封上使用。

（译注：熨斗袋是逢喜事祝贺时所用的特别信封。日本古代礼品的装饰物用的
是象征长寿的鲍鱼干，后因佛教的禁忌，改为佛教法事中的纸熨斗，现代是将
熨斗图案印在信封上，因而得名"熨斗袋"。）

制作方法：第52页

叶片披肩扣

编结淡路结后，将左右的水引交叉编制成叶子的外形。
根据交叉的次数，变化出大小不一的叶片。

制作方法：第54页

蝴蝶结耳饰

反复编制纵向淡路结，
中间固定后，制作成蝴蝶结。
除作成胸针及发饰外，
作成筷子托等也很美好。

制作方法：第56页

圈形耳饰

编结成圆圈形的作品，
制作成可爱的大圆环耳挂。
推荐选用活泼鲜亮的色彩，制作成流行的饰品。

制作方法：第59页

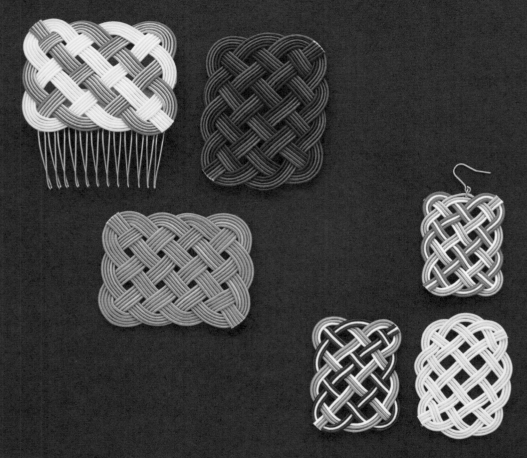

对比强烈的方形饰品。

大的用5根、

小的用3根水引制作而成。

制作方法：第63页

龟结发绳

因外形与龟背壳相似而得名
"龟结"，
做成色彩绚丽的发绳。
其特征是用水引环绕出的立体圆形。

制作方法：第65页

花朵淡路结
发梳

看上去形似西洋徽章
的"花朵淡路结"。
使用金色水引制作，
给人雅致的感觉。

制作方法：第67页

发饰结腰带扣

"发饰结"的特征是椭圆形，常用于发簪及发梳的编结。

为用于搭配和服，改成了腰带扣。

制作方法：第69页

松结发夹

形似松树，
是用于祝福的"松结"。
反面粘贴上发夹，
制作成发饰。

制作方法：第71页

环形项链

由4根水引分别一圈圈地挂线绕制成条形，
仅将它们组合起来就作成了简单的项链。
适合搭配简洁着装，是一款有分量的设计作品。

制作方法：第73页

淡路结串

项链

连续制作淡路结，编制成平板形串，
加上链条作成项链。
这是一款外形不对称的作品。

制作方法： 第75页

中间装饰上环绕淡路结，
做成颜色各异的手链。
黑色显得成熟，
蓝色给人清爽的感觉。

制作方法：第77页

水引细工基础知识和饰品的制作方法

介绍一下水引细工饰品的基础材料、工具、技巧，以及P.6～34页中刊载作品的制作方法。

※完成尺寸为目标值。根据水引细工制作的松紧情况有所变化。

※请挑选自己喜欢的水引种类及颜色。

※P.37页后的制作图片中，涂色处表示绕转制作中的水引。

水引细工的
原材料和种类

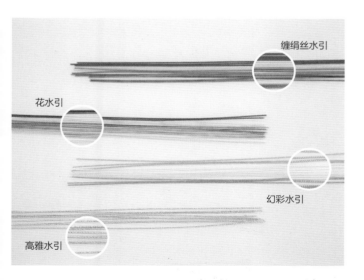

缠绢丝水引

花水引

幻彩水引

高雅水引

水引是将和纸的纸捻（涂抹浆糊后干透定型的物品）作为芯，之后或将其着色，或是缠卷薄膜、人造绢丝（人造丝）等制作而成的纸绳，花色和种类繁多。选择适合作品风格的水引来制作吧。

【本书使用的水引】

缠绢丝水引

将和纸纸捻作为芯，缠卷上人造绢丝（人造丝）。其特征是触感柔软，泛着漂亮的光泽。

花水引

与缠绢丝水引的原材料相同。与基础色为主的缠绢丝水引相比，还多了中间色、荧光色等新色。

幻彩水引

芯上缠卷珍珠色调的薄膜，在其上呈螺旋状地缠卷上人造绢丝（人造丝），是条纹花样的水引。

高雅水引

芯上呈螺旋状地缠卷上金·银色的细窄薄膜。其特征是散发着金属光芒。

小贴士

拆开缠绢丝水引的线，和纸做成的芯线就露出来了。推荐使用缠绢丝水引或花水引制作水引饰品。与在芯上着色的水引相比，做出的成品会美观许多，用起来也更为柔软。

水引饰品制作的道具和材料

剪刀
手工剪刀。用于剪断水引。

锥子
为便于穿绕，扩大调整水引空隙时使用。

平嘴钳
用铁丝制作饰品时使用。

圆嘴钳
弯圆T字针、9字针时使用。

剪钳
剪断铁丝、T字针、9字针时使用。

量尺
测量水引及铁丝长度。

夹子
固定水引的结，或涂胶后干透前使用。

牙签
涂抹木工胶、金属强力胶时使用。

木工胶
在水引完成收尾时使用。

金属强力胶
粘贴水引和饰品金属配件时使用。

花艺铁丝
造花用材料，铁丝上包缠着纸。

铜丝
固定水引和饰品金属配件时使用。

基础金属配件
用于制作饰品的基础金属配件。

圆形开口圈

T字针

连接夹扣、马夹扣

饰品金属配件
将水引制作成饰品时使用。除图片配件外，还有各种各样的种类、尺寸。

耳夹金属配件

耳钉金属配件

发夹

发梳

大别针

胸针

搭扣

发绳

珠子
珍珠及玻璃珠，配合水引做成单个配饰。无孔珠作为花芯使用。

珍珠、玻璃珠

无孔珍珠

基础编结方法

淡路结

水引细工中最为常用的编结方法，本书中介绍的饰品，大部分也都是由编制淡路结开始。
先来让我们熟练掌握它的制作方法吧。

材料　水引　30cm×1根

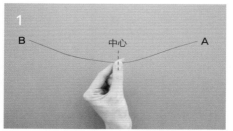

1

用左手捏住1根水引的中心。

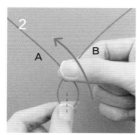

2

将A朝上弯成水滴形的环，用右手压住交叉的部分。

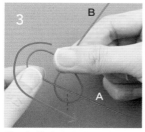

3

将A朝箭头方向绕，弯出另一个环，重叠在步骤2中制作的环上，用左手压住★处。

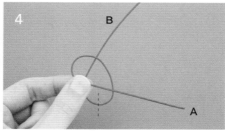

4

用左手压住，松开右手。

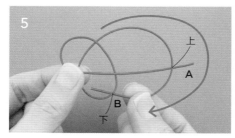

5

将B朝图示箭头方向绕，重重叠在A上后制作环，从步骤2制作环的下方穿过。

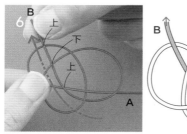

6

接着内侧的环也是按上→下→上的顺序穿过。

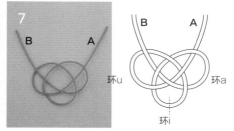

7

收紧B后，就形成了3个环。

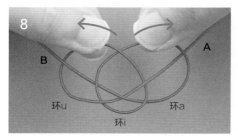

8

调整3个环的大小。如图片所示用两手拿着环a和环u，同时向外侧拉，将环i调整小。此时，环a和环u变大。

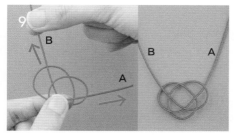

9

拉紧A环后环a变小，拉紧B环后环u变小。将3个环调整至相同大小，淡路结完成。

多根水引数编结

·对齐水引

1 平铺对齐

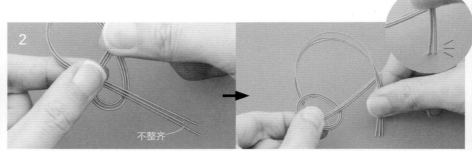

2 不整齐

编结多根水引时，水引间不能重叠，要平铺对齐着编结。

编结数根水引时，前端会不整齐，因此穿环之前，为便于操作，将前端抵住操作台整理好。

·穿环的要领1

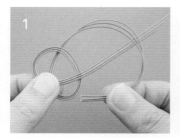

1

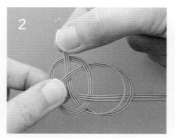

2

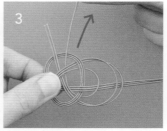

3

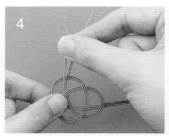

4

水引前端对齐后，一起穿过环。

先将前端穿过环。勿将环拉得过紧，穿过时留有余地。

从靠环内侧的水引开始，1根根分别拉紧。

不重叠地整理水引，同时调整环的大小。

·穿环的要领2

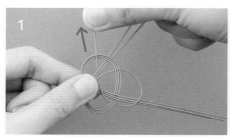

1

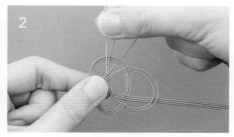

2

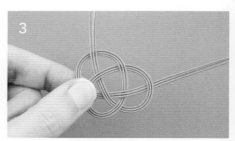

3

穿小环或穿环操作复杂时，先穿过靠内侧的1根水引。

沿着步骤1穿过的水引，第2根、第3根按顺序1根根地穿过去。

整理水引间不要重叠，调整环的尺寸。

饰品制作技巧

·水引花片的完成方法

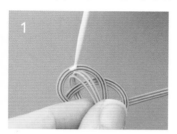

1 拿起打结结尾的一端，在重叠处涂上木工胶。

2 重叠水引，用手指压住一会儿后就粘贴起来。

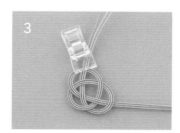

3 根数较多时，用夹子固定静置，待干透。

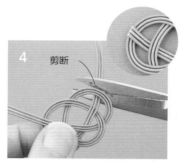

4 剪断

用剪刀剪掉多出的部分。将要剪的水引朝向反面，注意不要错剪到其它的水引，沿环的曲线剪断。

·圆形开口圈的开闭方法

1 圆形开口圈

用2个平嘴钳夹住圆形开口圈。

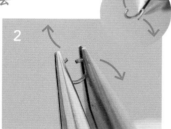

2 一侧朝向自己，另一侧反向扭动，圆形开口圈的连接处就前后打开了。闭合时也是前后扭动来操作。

·金属配件的安装方法

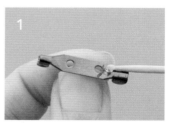

1 在要安装的金属配件的整个反面上，薄薄地涂抹一层金属强力胶。

2 将其粘贴在水引花片的反面。

·T字针的弯圆方法

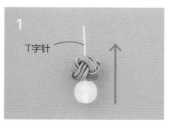

1 T字针

将珠子和水引配件穿过T字针。

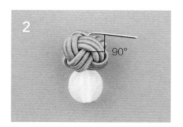

2 90°

用手指将T字针的底部弯折成90°。

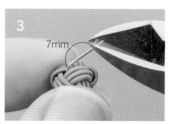

3 7mm

T字针留7mm，用剪钳剪断。

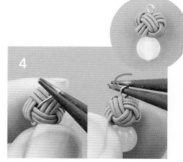

4 手掌朝上拿着圆嘴钳，夹住T字针的顶端，翻转手腕，将T字针弯圆。用力将环闭合起来。

玉结耳环

尺寸：花片直径 1cm

材料

· 水引　40cm×2根
· 耳环金属配件（圆底托·6mm·金色）1对
· 金属强力胶

START

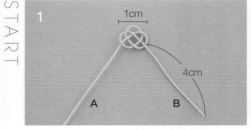

1

1cm

4cm

A　　B

制作"3层玉结"。编结1cm横向的淡路结（→P.37），B留4cm。上下反转。

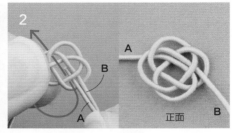

2

A
B
A

A

正面
B

将A沿B的内侧穿过，制作另1个环。将4个环的尺寸调整一致。

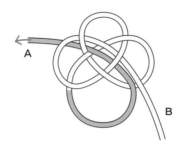

将A沿B的内侧穿过，制作另1个环的图示。

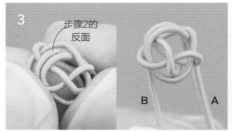

3

步骤2的反面

B　　A

反转后，将整体从正面用手指压成圆形，调整成立体的球形。

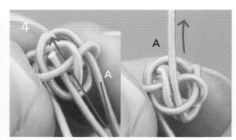

4

A

A

A

将A沿第1圈的内侧穿过。

5

整体穿过2层后的样子。

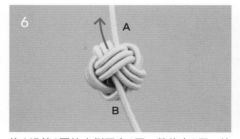

6

A

B

将A沿第2圈的内侧再穿1层，整体穿3层。编结收尾是在图示位置处穿出。

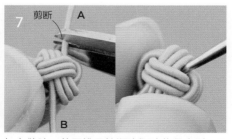

7

剪断
A

B

如有缝隙，就用锥子按顺序挪动收紧水引。A和B留5mm剪断，用锥子压入球内。

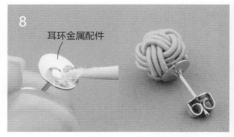

8

耳环金属配件

在耳环金属配件的托盘上涂抹金属强力胶，粘贴玉结。再同样制作另1个耳环。

油菜花结耳环

尺寸：花片直径1.5cm

材料

・水引　40cm×2根
・耳环金属配件（圆底托・6mm・金色）1对
・木工胶
・金属强力胶

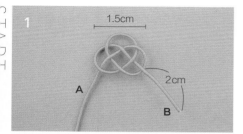

1

1.5cm

A

2cm

B

制作"3层油菜花结"。用1根水引编制1.5cm横向的淡路结（→p.37），B留2cm进行整理，上下反转。

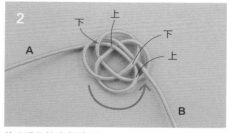

2

下　上

A　　　下

　　　　　上

B

将A沿B的内侧穿过，再编制1个环。将4个环的尺寸调整一致。

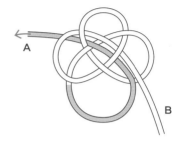

A

B

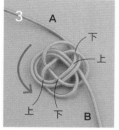

3

A

下

上

上　下

B

接着，将A沿第1圈的内侧穿过去。

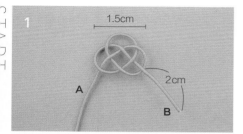

A

B

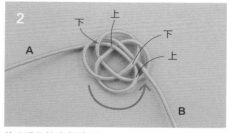

4

A

A

B

整体完成2层后的样子。

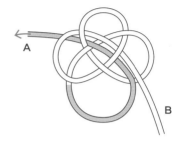

5

A

B

与步骤3相同，将A分别沿环的内侧穿过，整体制作3层。如有缝隙，用锥子按顺序挪动拉紧。

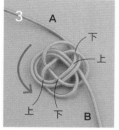

6

3mm

剪断

3mm

A、B留3mm剪断。

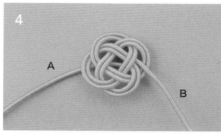

7

涂抹木工胶，沿相邻水引粘贴在上面。用夹子固定静置，待干透。

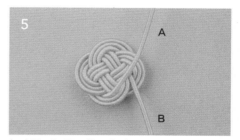

8

耳环金属配件

在耳环金属配件的托盘上涂抹金属强力胶，粘贴在花片的反面。再同样制作另1个耳环。

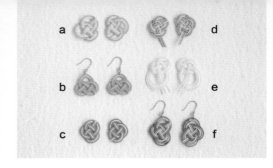

a b c d e f

淡路结耳环

尺寸：花片　a: 纵向2cm×横向2cm　b: 纵向2cm×横向2cm、
c: 纵向1.8cm×横向1.5cm　d: 纵向2.8cm×横向1.6cm、
e: 纵向3cm×横向2.5cm　f: 纵向2.3cm×横向1.6cm

材料

· 水引　30cm×6根
· 耳环金属配件（U形·金色）1对
· 圆形开口圈（0.6mm×3mm·金色）4个
· 木工胶

START

1

2cm

中心

在3根水引的中心，编结2cm横向的淡路结
（→p.37）。

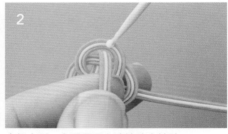

2

拿起水引，在重叠面上涂抹胶水粘贴。

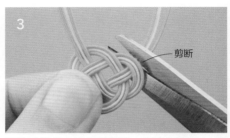

3

剪断

用剪刀将多出的部分剪掉。将要剪的3根水引
朝向反面，沿环的曲线剪断。

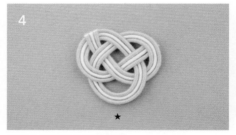

4

★

同样地将两端粘贴后剪断。

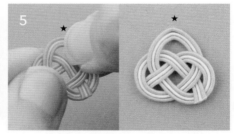

5

★ ★

将环正中的（★）朝上拿，用指甲在环的中心
轻轻地压出折痕，做出尖四方形。

6

耳环金属配件

2个圆形开口圈

将圆形开口圈穿过尖四方形处最外侧的1根水
引，用另1个圆形开口圈连接耳环金属配件。
再同样制作另1个耳环。

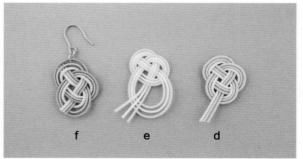

f e d

改编事例

用3根水引编结纵向淡路结。
f
编结时，无需将淡路结左右环的水引调整一致。纵向放置淡路结，连接耳环金属
配件。
e
放大编结淡路结的环，留长一侧的前端。
d
淡路结的3个环调整一致，留长一侧的前端。

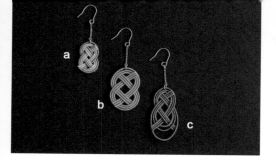

环绕淡路结链条耳环

尺寸：花片　　　a: 纵向 2 cm × 横向1cm　b: 纵向2.5cm × 横向1.8cm
　　　　　　　　c: 纵向3cm × 横向1.5cm　耳环长度 4 cm（除金属配件外）

材料

・水引　20cm × 12根
・耳环金属配件（U形・金色）1对
・圆形开口圈（0.6mm × 3mm・金色）4个
・链条（金色）1cm × 2根
・木工胶

※用b花片为例进行说明

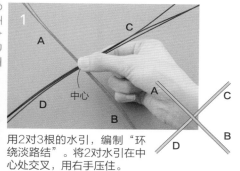

1 用2对3根的水引，编制"环绕淡路结"。将2对水引在中心处交叉，用右手压住。

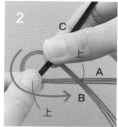

2 将A绕过D的上方后在B处重叠，制作成环。用左手按住A和D的交叉部分。

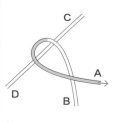

3 松开右手，将C绕至A的上方，从B的下方穿过。

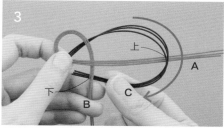

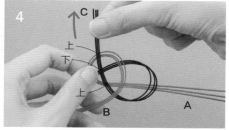

4 将C在环中心按上→下→上的顺序穿过。

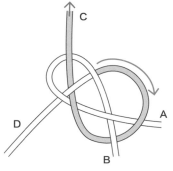

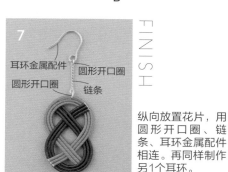

5 将左右环调整一致。在此，将2对水引留稍许空隙进行调整。环绕淡路结完成。

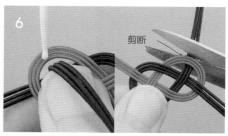

6 拿起水引，在重叠面上涂抹木工胶粘贴起来。将要剪断的3根水引反向拿，沿环的曲线剪断。4处都要粘贴水引并剪断。

剪断

7 纵向放置花片，用圆形开口圈、链条、耳环金属配件相连。再同样制作另1个耳环。

耳环金属配件
圆形开口圈
圆形开口圈
链条

FINISH

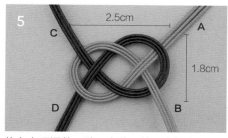

改编事例

a缩小环绕淡路结空隙地进行编结。

c不对称地编结并环绕淡路结一侧环的水引。

相连淡路结环形耳环

尺寸：耳环纵向5.2cm×横向3.5cm

材料

・水引　45cm×4根
・耳环金属配件（环・45mm×30mm・金色）1对
・木工胶

START

1

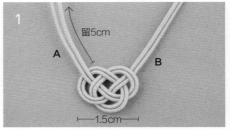

留5cm

A　　　B

1.5cm

用2根水引编结"连续淡路结"。编制1.5cm
的横向淡路结（→P.37），**A**留5cm进行
调整。

2

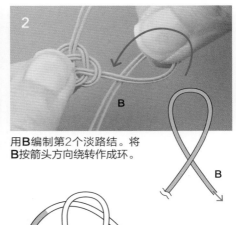

B

B

用**B**编制第2个淡路结。将
B按箭头方向绕转作成环。

3

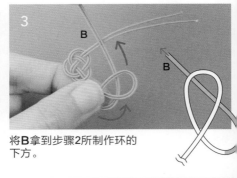

B

B

将**B**拿到步骤2所制作环的
下方。

4

B

按箭头方向重叠**B**。

5

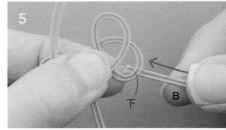

下

B

从步骤3所制作环的下方穿过。

6

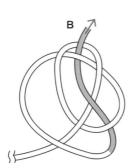

B

上
下
上

B

接着里面的环也按上→下→上的顺序穿过。

7

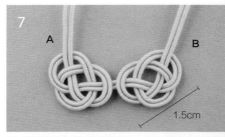

A　　　B

1.5cm

尺寸调整至与第1个淡路结一致，第2个淡路结
完成。缩小第1个与第2个淡路结的间隙。

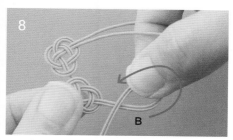

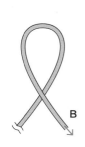

用B编结第3个淡路结。按箭头方向绕转B编制环。与第2个水引的重叠方向上下相反。

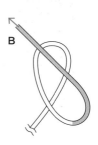

将B重叠在步骤8编制的环的上方。

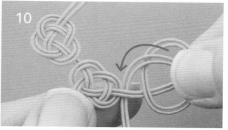

朝下拿着。

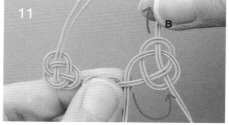

在环中按上→下→上→下的顺序穿过。

调整至与之前制作的淡路结大小一致，第3个淡路结完成。缩小3个淡路结间的间隙。

1.5cm

拿起水引，在重叠面上涂抹木工胶粘贴。

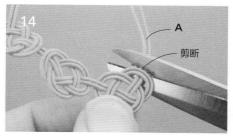

剪断

将要剪断的2根水引朝里拿，沿环的曲线剪断。

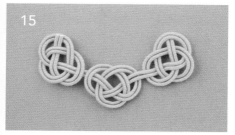

另一侧也同样进行粘贴剪断。

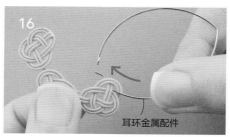

耳环金属配件

直接将耳环金属配件穿过连续淡路结的花片。将金属配件的前端穿过花片一侧的空隙。

如图所示，缝合般地穿过花片的空隙。再同样制作另1个耳环。

FINISH

45

START

P.13　**玉结双球耳环**

尺寸：长度3.5cm（不含金属配件）

材料

・水引　40cm×2根
・珠子（任意一种）玻璃珠（圆形・6mm・白色蛋白石）2个
　棉花珍珠（圆形・6mm・白色）2个
・圆形开口圈（0.6mm×3mm・金色）2个・T字针（0.5mm×20mm・金色）2个
・链条（金色）2cm×2条・耳环金属配件（带吊环・金色）1对
・棉花珍珠耳堵（10mm・米黄色）1对

1

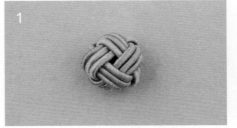

编结"3层玉结"配件（→P.40）。

2

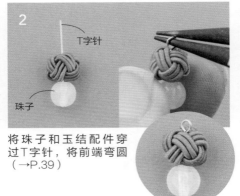

T字针

珠子

将珠子和玉结配件穿过T字针，将前端弯圆（→P.39）

3

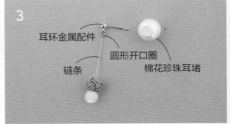

耳环金属配件

圆形开口圈

链条

棉花珍珠耳堵

链条连接在T字针上，耳环金属配件连接在链条的另一侧上。与棉花珍珠耳堵一起配套使用。再同样制作另1个耳环。

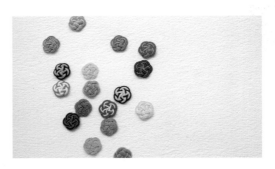

START

P.14　**梅花结胸针**

尺寸：花片直径3cm

材料

・水引　50cm×5根
・胸针金属配件（25mm・黑色）1个
・木工胶
・金属强力胶

1

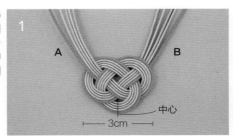

A　　　B

中心

3cm

用5根水引编结"梅花结"。开始在水引中心处编制3cm的横向淡路结（→P.37）。

2

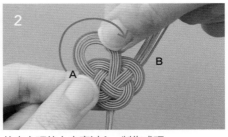

A　　B

从中心环的上方穿过A，制作成环。

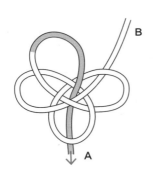

B

A

46

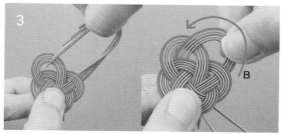

3

将B从上方穿过步骤2制作的环。

4

拉紧A、B后整形，梅花结完成。

5

反向拿起水引，在重叠面上涂抹木工胶粘贴。用夹子固定静置，待干透。

6

剪断

翻到正面，沿环的曲线剪断多出的水引。

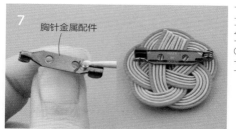

7

胸针金属配件

在胸针金属配件的整个反面薄薄地涂抹一层金属强力胶，将其粘贴在梅花结花片反面偏上的地方。

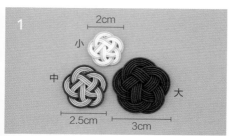

P.15 **梅花结发夹**

尺寸：发夹 纵向4cm×横向7cm

材料
- 水引 50cm×5根、40cm×4根、30cm×3根
- 耳环金属配件（带圆底托·10mm×60mm·镀铑）1个
- 木工胶
- 金属强力胶

1

2cm

小

中

大

2.5cm

3cm

分别用5根50cm、4根40cm、3根30cm的水引制作大中小的3个"梅花结"花片（→P.46）。

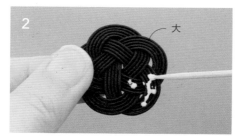

2

大

在大花片正面的右下四方形处，涂抹木工胶。

3

中

重叠粘贴中花片。用夹子固定静置，待干透。

4

在大花片正面的左下四方形处涂抹木工胶。

5

重叠粘贴小花片。用夹子固定静置，待干透。

小

6

发夹金属配件

在发夹金属配件的圆托处，薄薄地涂抹一层金属强力胶，粘贴在大花片的侧面。

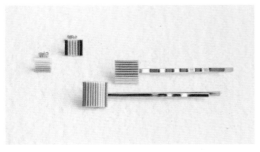

P.16 条纹耳环 & 发夹

尺寸：花片直径　大1.1cm四方形、中0.8cm四方形、小0.5cm四方形

材料

· 水引　底座10cm×10根、正面2cm×10根
· 发夹金属配件（圆底托·10mm×60mm·金色）1个
· 木工胶
· 金属强力胶·纸胶带·透明薄塑板

START

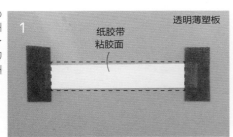

1

透明薄塑板

纸胶带
粘胶面

在透明薄塑板上将纸胶带的粘胶面朝上固定。

2

在纸胶带上不留间隙地铺排10根10cm的底座水引。

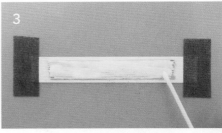

3

在步骤2的成品上均匀地涂抹木工胶，待完全干透。

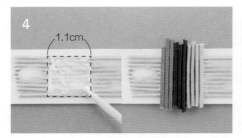

4

1.1cm

在1.1cm正方形的范围内涂抹木工胶，并排粘贴10根2cm的水引。此面为正面。

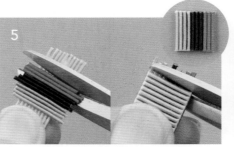

5

待胶水干透后从纸胶带上取下来剪断。为防止误剪底座水引，在剪正面水引时，翻过来剪断。

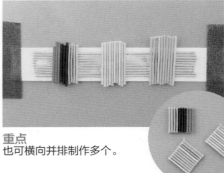

重点
也可横向并排制作多个。

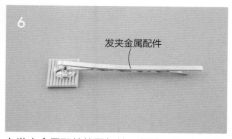

6

发夹金属配件

在发夹金属配件的圆托处，薄薄地涂抹一层金属强力胶，粘贴在花片反面的中心处。

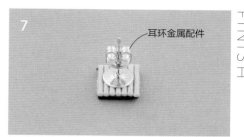

7

耳环金属配件

制作耳环时，在耳环金属配件的圆托处，薄薄地涂抹一层金属强力胶，粘贴在花片反面的中心。

改编事例

通过铺排水引的根数，完成尺寸也会有变化。中款、小款分别铺排粘贴7根、5根水引。

P.18　绣球花耳环

尺寸：花片直径1.7cm

材料

・水引　40cm×2根
・亚克力无孔珠（圆形・3mm）2个
・耳环金属配件（圆底托・6mm・金色）1对
・木工胶　・金属强力胶

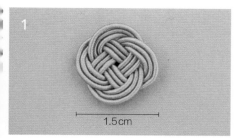

1

1.5cm

用1根水引制作1.5cm的横向"3层油菜花结"的花片（→P.41）。

2

花瓣中心

用指甲在花瓣中心轻轻地压出凹坑。

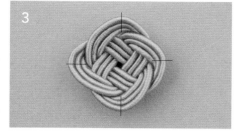

3

4处均捏凹，整理出有立体感的花形。

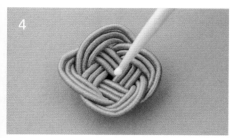

4

在花朵中心涂抹木工胶。

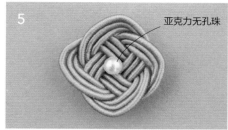

5

亚克力无孔珠

粘贴亚克力无孔珠。

6

耳环金属配件

在耳环金属配件的平底托上，薄薄地涂抹一层金属强力胶，粘贴在花片反面的中心。

双层花朵耳环

尺寸：花片直径2.5cm

材料

・水引　内侧25cm×4根、外侧30cm×6根
・珠子（任意一种）
　棉花珍珠（圆形・8mm）2个
　施华洛世奇水晶（#5810・8mm）2颗
・耳环金属配件（圆底托・6mm・金色）1对
・木工胶　・金属强力胶

START

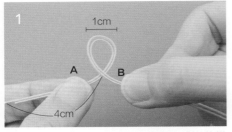

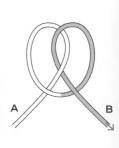

1

1cm

A　B

4cm

A　留出4cm　B

制作内侧的花朵。用2根水引编结"梅花搭结"。头部留4cm，**B**朝上制作环。

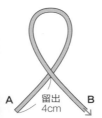

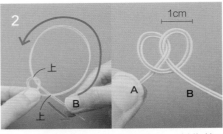

2

1cm

上
上
B
A　B

A　B

从上方将**B**穿过步骤1制作的环，制作第2个环。

3

A　B

再重复制作2次步骤**2**，共制作4个相同尺寸的环。

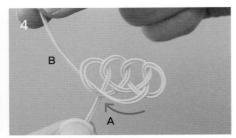

4

B

B

A

B

A

从上方将**B**穿过第1个环。

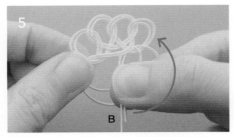

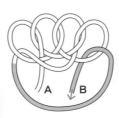

5

B

A　B

接着从上方穿过第4个环，并带到环的下方。

6

B

A

如图所示，从上方穿过中间的空隙处。

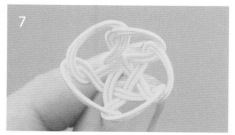

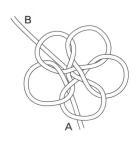

7

拉紧水引，5片花瓣的大小调整一致。呈现有立体感的整形好的花朵。

8

打结

在反面将A和B打1个结。

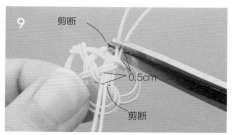

9

剪断

0.5cm

剪断

前端留0.5cm剪断。

10

内侧的花朵完成。

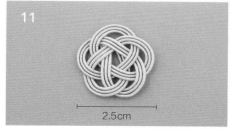

11

2.5cm

制作外侧的花朵。用3根水引制作2.5cm的横向"梅花结"的花片（→P.46）。

12

将中间压凹下去，整理出花朵的立体感。

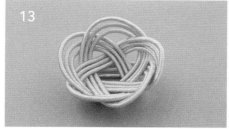

13

整理呈碗形。外侧花朵完成。

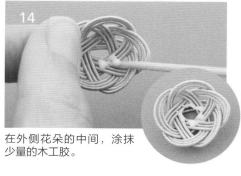

14

在外侧花朵的中间，涂抹少量的木工胶。

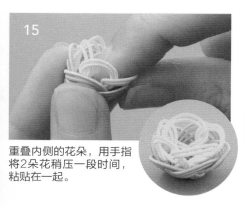

15

重叠内侧的花朵，用手指将2朵花稍压一段时间，粘贴在一起。

16

珍珠

在内侧花朵的中间涂抹木工胶，粘贴珍珠。

17

耳环金属配件

在耳环金属配件的托盘上涂抹金属强力胶，粘贴在花片反面的中心。再同样制作另1个耳环。

山茶花胸针

尺寸：花片 纵向3.4cm×横向3.7cm

材料

· 水引 花朵40cm×3根、雄蕊2cm×7根、叶片20cm×2根
· 胸针金属配件（25mm·黑色）1个
· 木工胶
· 金属强力胶

START

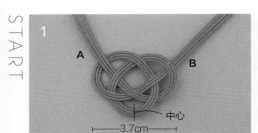

1

用"平梅结"制作花朵。开始在3根水引的中心编结3.7cm的横向"淡路结"（→P.37）。

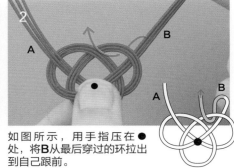

2

如图所示，用手指压在●处，将B从最后穿过的环拉出到自己跟前。

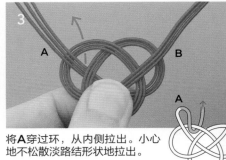

3

将A穿过环，从内侧拉出。小心地不松散淡路结形状地拉出。

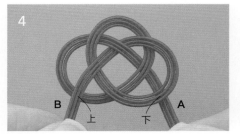

4

将花片反转方向拿起。

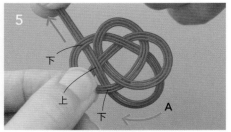

5

将A按下→上→下的顺序穿过。

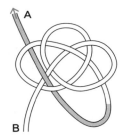

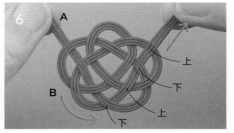

6

将B按下→上→下→上的顺序穿过。

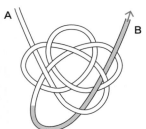

重点

难以将3根一起从环内穿过时，先从内侧的1根穿过。然后分别按顺序将剩下的2根穿过。

从反面拿起水引，在重叠面上涂抹木工胶粘贴起来。

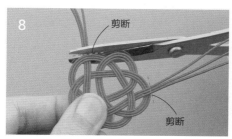

翻到正面，沿环的曲线剪掉多出的部分。两端按相同方法粘贴剪断。

剪断

剪断

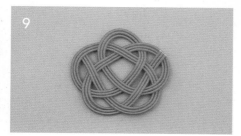

完成平梅结。

在花上装雄蕊。在如图所示位置上涂抹少量木工胶。虽然花朵不分正反面，但要将胶水涂抹在反面。

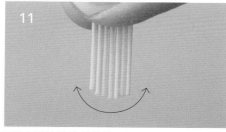

7根水引的雄蕊并排放，前端整理出呈现小弧度的弯四方形。

将雄蕊的前端从花朵的正面插入，粘贴在步骤10的成品涂抹了木工胶的地方。

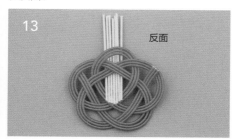

反面

整理水引之间不要重叠。

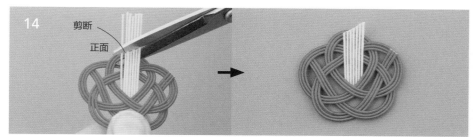

剪断

正面

翻到正面，斜着剪断雄蕊。雄蕊的长度按自己的喜好进行调整。此处，剪至与花瓣高度一致。

胸针金属配件

在胸针金属配件的反面涂抹金属强力胶，粘贴在花朵反面的中心。

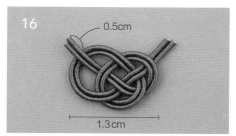

0.5cm

1.3cm

用2根水引编结"淡路结"（→P.37）制作叶片。放大一侧的环，将水引的前端拉出0.5cm剪断。

按自己的喜好，用木工胶在花朵反面上粘贴叶片。

FINISH

53

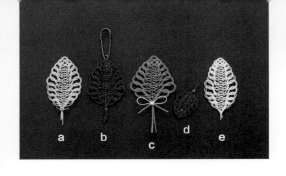

 P.21 叶片披肩扣

尺寸：花片　a: 纵向8cm×横向4.5cm　b: 纵向8cm×横向5cm
　　　　　　　c: 纵向9.5cm×横向5.8cm　d: 纵向5cm×横向3cm
　　　　　　　e: 纵向7.5cm×横向4cm

材料

・水引　90cm×2根
・花艺铁丝　10cm×1根
・圆形开口圈（0.7mm×3.5mm・仿古镀金）4个
・安全大别针（35mm・仿古镀金）1个

※以**b**叶片为例进行说明。

START

1

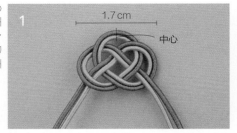

1.7 cm
中心

在2根水引的中心，编结1.7cm的横向"淡路结"（→P.37），上下反转着拿。这是第1层。

2

0.8cm
花艺铁丝

用圆嘴钳弯曲花艺铁丝的前端，挂在淡路结中间的环上。

3

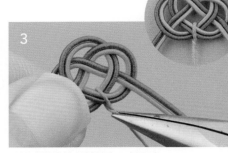

用平嘴钳将铁丝扭拧在一起固定。

4

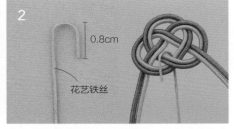

A　D
B　C
下　上

制作第2层。从右侧将第2根（C）水引在铁丝下方穿过，从左侧将第2根（B）水引重叠在铁丝的上方。

A　　　D
B　　　C

5

A　D　A
C　B　C　B
D
下　上

将最右（D）从B的上方穿过，再穿过铁丝的下方。接着将最左（A）穿过C的下方，重叠在铁丝的上面。

C　B
D　A

6

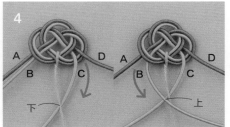

C　B
D　A

拉紧4根水引。

7

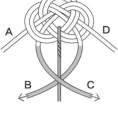

上
B
A　上

从自己跟前将右侧的2根（A、B）水引插入淡路右侧的环，把所形成环往自己跟前拉出。

C　B
D　A

54

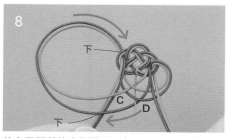

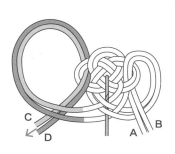

8

从自己跟前将左侧的2根（**C**、**D**）水引插入淡路结左侧的环，从所形成环靠自己跟前拉出。

9

拉紧步骤7、8的环，将左右大小调整一致。第2层完成了。第2层的环做的要比第1层稍大些。

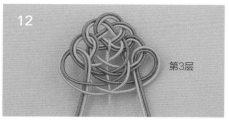

10

制作第3层。与步骤4一样，从右侧将第2层，从左侧将第2层分别从铁丝下方和上方穿过。
※用双色制作时，第2层重叠颜色的顺序是相反的。

11

与步骤5相同，将最右、最左分别从铁丝的下方和上方穿过。

12

分别将2根水引按右环从上方、左环从下方的穿过步骤7～9所制作的第2层环内。将环调整至比第2层稍大些，第3层完成了。

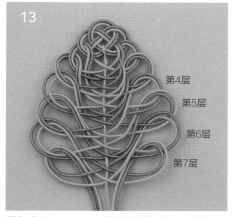

13

第4层
第5层
第6层
第7层

重复步骤10～12，直至做到第7层。调整每层环的大小，形成树叶的形状。层数请按自己喜好进行增减。

14

将4根水引合并起来，用花艺铁丝缠绕2圈。

15

在叶片的反面，用钳子剪断花艺铁丝，用平嘴钳压住花艺铁丝的前端。

改编事例 在花艺铁丝上，用水引加上装饰。
a用1根水引打平结（→P.58）进行装饰。
c用1根水引打蝴蝶结进行装饰。

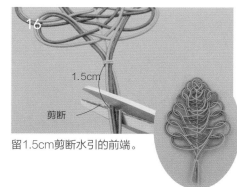

16

1.5cm

剪断

留1.5cm剪断水引的前端。

17

安全大别针

圆形开口圈

在叶片顶端用圆形开口圈与安全大别针相连。

FINISH

P.22

蝴蝶结耳饰

尺寸：纵向3cm×横向6cm

材料

· 水引　90cm×6根、20cm×1根
· 胸针金属配件（25mm·黑色）1个
· 木工胶

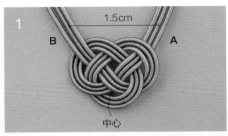

将3根90mm的水引，制作纵向连续的"相连淡路结"。在3根水引的中心，编结1.5cm的横向淡路结（→P.37）。

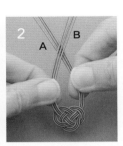

编结第2层的淡路结。第1层是指将水引重叠方向上下反转。先将B朝上交叉，制作成水滴形的环。

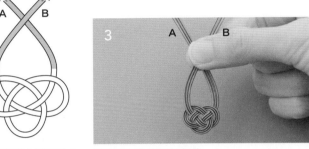

用右手压住交叉的部分。

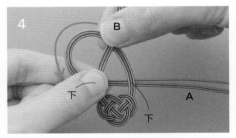

将A按箭头方向扭转，制作另1个环，重叠在步骤2所制作环的下方。

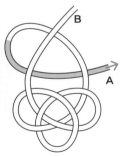
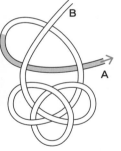

调整环的尺寸，第2层的淡路结完成。第2层做的要比第1层大些。

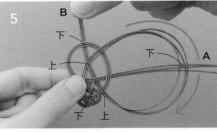

将B按箭头方向扭转，穿过A的下方制作环，按上→下→上→下的顺序穿过。

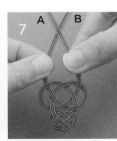

制作第3层的淡路结。第2层是将水引的重叠方向上下反转。首先，A是朝上交叉，制作成水滴形的环。

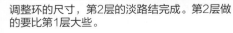

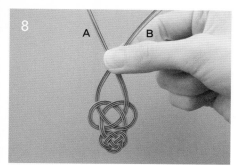

8

A　B

用右手压住交叉的部分。

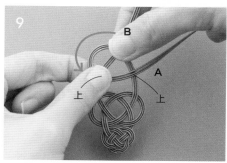

9

B

A

上　上

将**A**按箭头方向扭转制作另1个环，重叠在步骤7所制作环的上方。

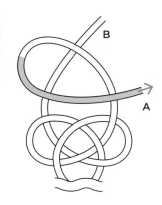

B

A

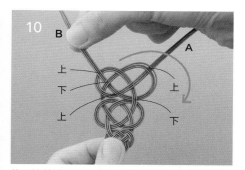

10

B

A

上
下
上

上

下

将**B**按箭头方向扭转，穿过A的上方制作环，按下→上→下→上的顺序穿过。

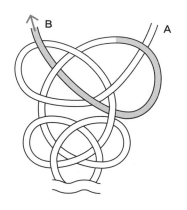

B　A

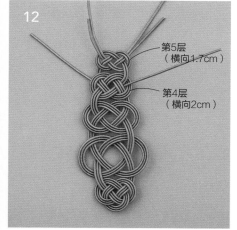

11

2.5cm

整理环，完成第3层的淡路结。第3层的淡路结做的要比第2层的小。

12

第5层
（横向1.7cm）

第4层
（横向2cm）

第4层的淡路结按步骤2～6的同样方式来制作。第5层是将内侧的2根水引按步骤7～11的同样方式制作2根水引的淡路结。

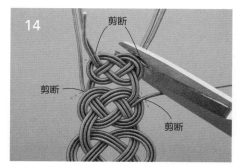

13

拿起水引，在重叠的面涂抹胶水粘贴。用夹子固定静置，待干透。

14

剪断

剪断

剪断

将要剪断的水引朝向反面，沿环的曲线剪断。按同样的方法粘贴剪断所有的水引。

57

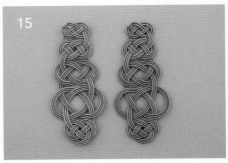

15

同样按步骤1～14的方法，共制作2个连续淡路结的花片。

16

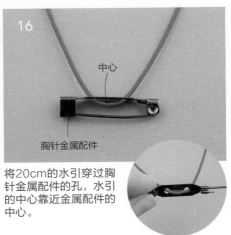

中心

胸针金属配件

将20cm的水引穿过胸针金属配件的孔，水引的中心靠近金属配件的中心。

17

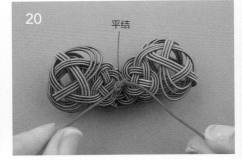

如图所示，穿过第5层淡路结的空隙处。

18

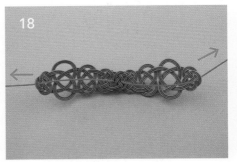

接着穿过第1层的淡路结。

19

穿过空隙拉紧水引，形成蝴蝶结的形状。

20

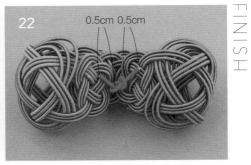

平结

在蝴蝶结的中心，将水引打平结。

[平结]

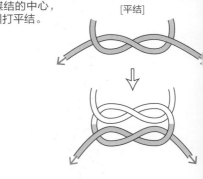

FINISH

21

打结处涂少量木工胶，收紧结。

22

0.5cm 0.5cm

待胶水干透，水引前端留出0.5cm后剪断。

圈形耳饰

尺寸：花片直径 5 cm

材料	·水引　90cm×3根 ·耳夹金属配件（带环吊钩·11cm·金色）1个 ·木工胶

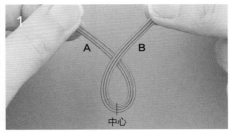

在3根水引的中心，将B朝上制作水滴形的环。形成水引重叠方向上下反转的"淡路结"（→P.37）。

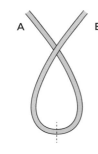

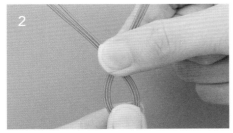

用右手压住交叉部分。

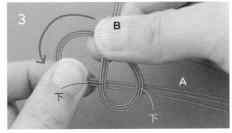

将A朝箭头方向扭转制作环，重叠在步骤1所制作环的下方。

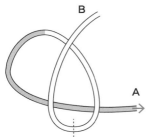

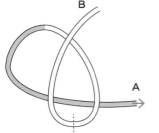

用左手压住重叠的部分，松开右手。

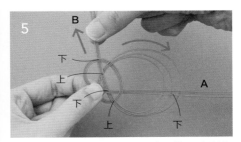

将B按箭头方向扭转，重叠在A的下方制作环，按上→下→上→下的顺序穿过。

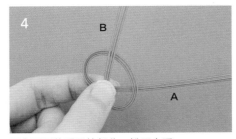

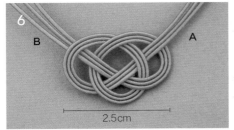

2.5cm

拉紧水引，左右环的大小调整一致。

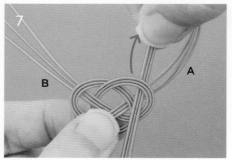
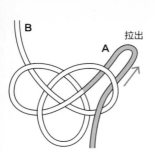

将**A**从最后穿过的环处从内侧拉出。

A、**B**全都从环的下方拉出后的状态。

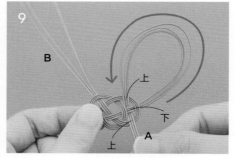
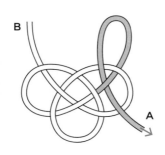

将**A**按箭头方向扭转制作环，按上→下→上的顺序穿过。拉紧水引，将淡路结左右环的大小调整一致。

将**B**从最后穿过的环的内侧拉出。

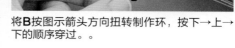
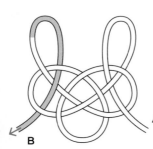
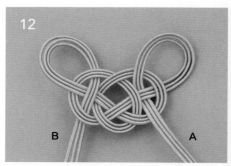

将**B**按图示箭头方向扭转制作环，按下→上→下的顺序穿过。。

拉紧水引，将淡路结左右环的大小调整一致。

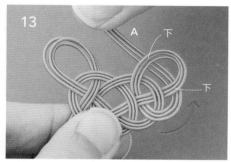

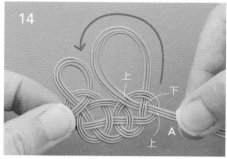

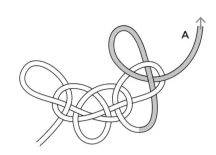

将**A**重叠在步骤9中所制作环的下方。

按上→下→上的顺序穿过。

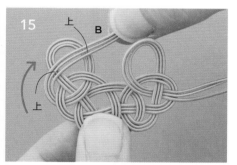

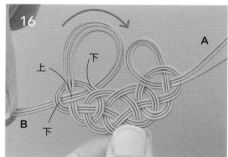

将**B**重叠在步骤11中所制作环的上方。

按下→上→下的顺序穿过。

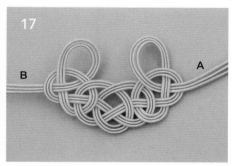

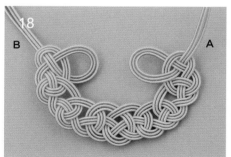

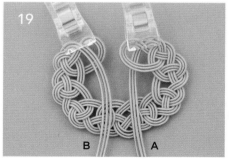

拉紧水引，将淡路结左右环的大小调整一致。

接着重复2次步骤13～17。

A重叠在环的下方、**B**重叠在环的上方，用夹子固定。

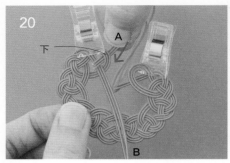

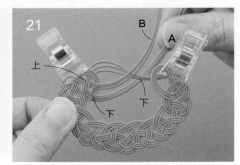

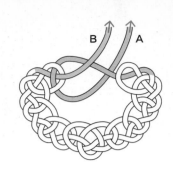

将A从下方穿过左环。

穿过B的上方，从环的下方抽出。

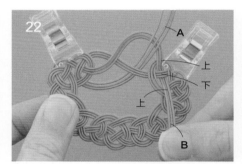

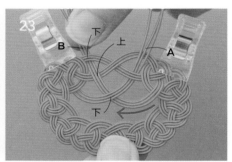

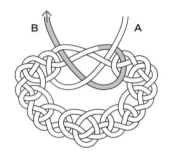

将B穿过A的下方，在右侧环按上→下→上的顺序穿过。

接着，在左侧环按下→上→下的顺序穿过。

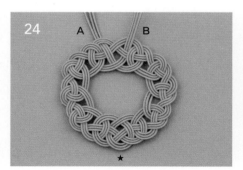

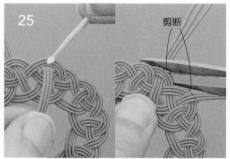

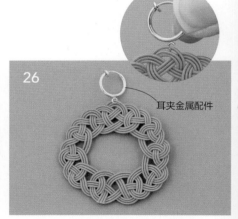

耳夹金属配件

拉紧水引，将形状整理成环形。

拿起水引，涂抹木工胶粘贴。将要剪断的水引朝反面拿，沿环的曲线剪断。2处均按同样的方法粘贴剪断。

用平嘴钳打开耳夹金属配件的吊环，与步骤24★处的水引相连。

方形耳环&发梳

尺寸：花片 小 纵向3cm×横向4cm（不含金属配件）
　　　花片 大 纵向4cm×横向5cm（不含金属配件）

| 材料 | 花片（单个成品的材料用量）
・水引 小45cm×6根、大60cm×10根
・木工胶
耳环
・圆形开口圈（0.7mm×3.5mm・金色）1个
・耳环金属配件（U形・金色）1对 | 发梳
・发梳金属配件（12齿・金色）1个
・铜丝（0.3mm・金色）
　5cm×2根 |

耳环（大、小花片）※用小花片为例进行说明

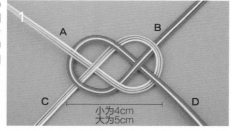

用2对3根（大花片为5根）的水引，编制"环绕淡路结"（→P.43）。

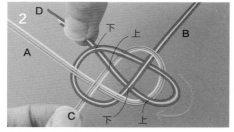

将D向内侧环绕扭转形成环，按上→下→上→下的顺序穿过。

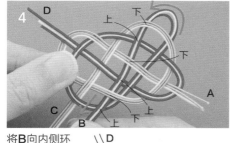

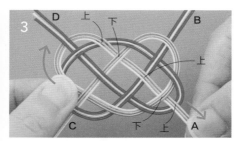

将A向内侧环绕扭转从D的下方，按上→下→上→下→上的顺序穿过。

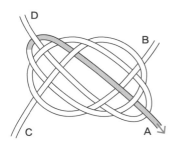

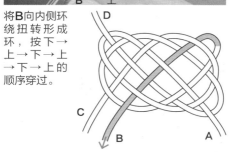

将B向内侧环绕扭转形成环，按下→上→下→上→下→上的顺序穿过。

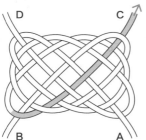

将C向内侧环绕重叠在B的上方，按下→上→下→上→下→上→下的顺序穿过。

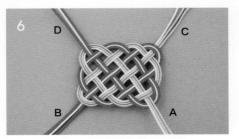

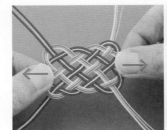

6

D   C

B   A

拉紧水引，整理成横向稍长的长方形。

重点
拉花片的边缘，形状会发生变化。横向拉开变成横长的外形，收缩起来，就变成正方形。

7

拿起水引，在重叠面上涂抹木工胶后粘贴。

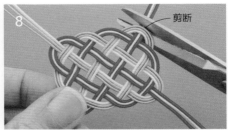

8

剪断

将要剪断的水引放在反面，沿环的曲线剪断。4处水引均粘贴起来剪断。

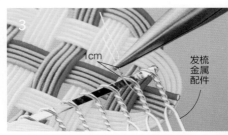

9

耳环金属配件

圆形开口圈

FINISH

将花片纵向放置，用圆形开口圈与耳环金属配件相连。

发梳（大花片）

1

与制作耳环的方法相同，用5根水引制作花片，用锥子在四方形底部两侧制作间隙。

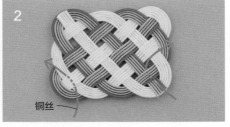

2

铜丝

如图所示分别将1根铜丝穿过步骤1花片四方形底部两侧所制作的间隙处。

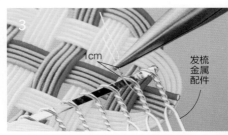

3

1cm

发梳金属配件

在发梳金属配件端口的第2个齿和第3个齿间挂上铜丝，用平嘴钳扭转1cm，将花片固定在发梳上。

4

0.5cm

剪断

将扭拧的部分留出0.5cm，用剪钳剪断。

5

为防止铜丝接触到肌肤，用平嘴钳将露出的铜丝压向花片侧，使其融为一体。

6

另一侧也按同样方法处理，完成。

龟结发绳

尺寸：花片 纵向3.8cm×横向3cm

材料

· 水引　45cm×3根
· 圆形开口圈（0.6mm×3mm·金色）1个
· 发绳（带吊钩·金色×黑色）1个
· 木工胶

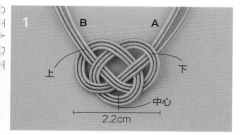

用3根水引制作"龟结"。开始在水引中心编制2.2cm横向的"淡路结"（→P.37）。

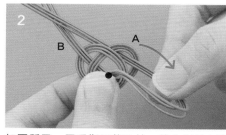

如图所示，用手指压住●处，将A从环中拉出。

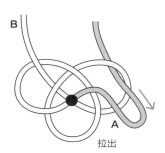

拉出

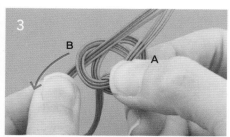

B也是从环中拉出。小心不要将淡路结松散开。

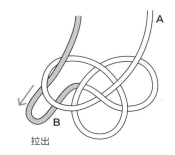

拉出

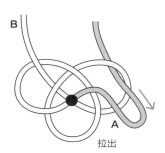
(重复)

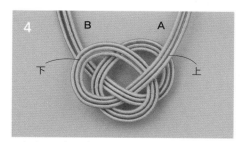

A朝上、B朝下穿过后的状态。

注: 图4 caption

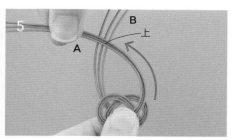

将A按箭头方向扭转制作环，重叠在B的上面。

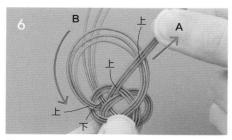

就这样将A按上→下→上→上的顺序穿过。

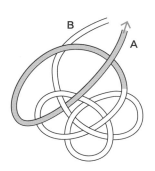

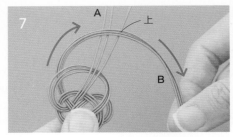

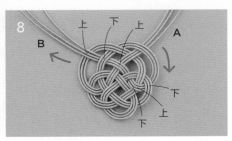

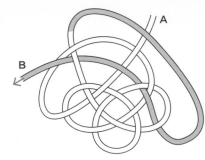

将B按箭头方向扭转制作环，重叠在A的上面。

就这样将B按下→上→下→上→下→上的顺序穿过。

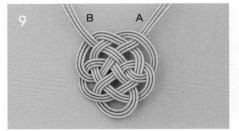

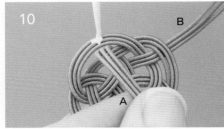

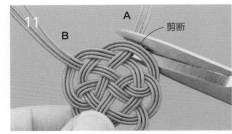

拉紧水引，整理外形。

将花片反过来，拿起A，在重叠面上涂抹木工胶粘贴起来。

翻到正面，将A沿环的曲线剪断。

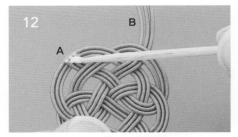

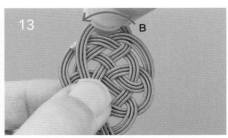

将花片翻面，在剪断的A处涂抹木工胶。

将B按箭头方向扭转制作环，重叠粘贴在A的上面。

用夹子固定静置，待干透。

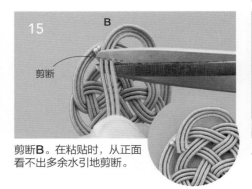

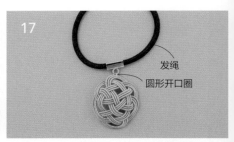

剪断B。在粘贴时，从正面看不出多余水引地剪断。

用手指压花片，整理成圆形。

将圆形开口圈穿过最开始编制淡路结外侧的1根水引上，与发绳相连。

花朵淡路结发梳

尺寸：花片 纵向3.5cm×横向5.5cm

材料

- 水引 55cm×3根
- 发梳（12齿·金色）1个
- 铜丝（0.3mm·金色）5cm×2条
- 木工胶
- 金属强力胶

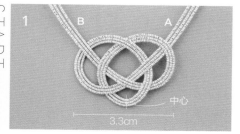

1

用3根水引编结"花朵淡路结"。先在水引中心制作3.3cm的横向"淡路结"（→P.37）。

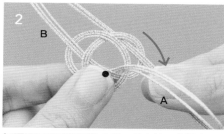

2

如图所示用手指压住●处，将A从环中拉出。

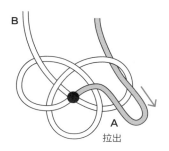

拉出

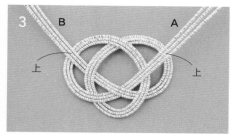

3

A、B两端分别从环上方穿过后的状态。

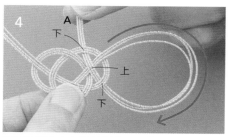

4

将A按箭头方向扭转制作环，按下→上→下的顺序穿过。

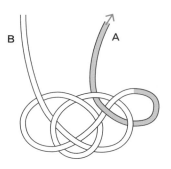

5

拉紧水引，整形。

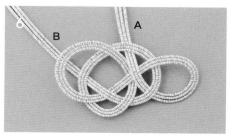

6

将B从环中拉出。

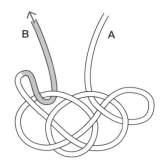

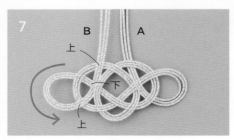

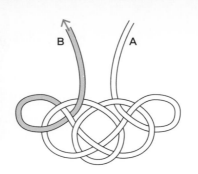

将B按箭头所示方向扭转制作环，按上→下→上的顺序穿出。拉紧水引，整形。

A朝上，与B交叉。

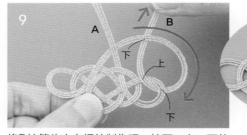

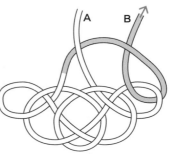

将B按箭头方向扭转制作环，按下→上→下的顺序穿过。将与步骤4所制作环的大小调整成一致。

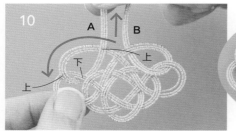

将A按箭头方向扭转制作环，按上→下→上的顺序穿过，整形。将4个★标记环的尺寸调整一致，漂亮的完成"花朵淡路结"。

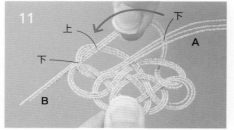

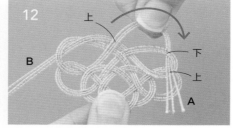

将B朝A的下方扭转，从上方穿过左环。

将A从下方穿过右环。

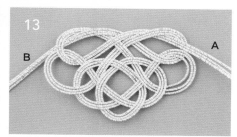

13

B   A

拉紧水引，整形。

14

拿起水引，在重叠面上涂抹木工胶粘贴。

15

剪断

将要剪断的水引朝向反面，沿环的曲线剪断。

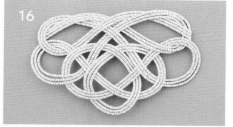

16

另一侧也同样，粘贴剪断水引。

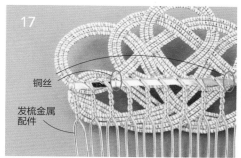

17

铜丝

发梳金属
配件

如图所示将铜丝穿过3根水引，挂在发梳金属配件的第3和第4个齿之间，扭拧起来后，将花片固定起来（参考P.64发梳的制作方法）。左右两处都是按同样的方法固定。

FINISH

P.30 发饰结腰带扣

尺寸：花片 纵向3.5cm×横向7cm

材料

・水引 65cm×5根
・木工胶

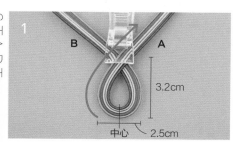

1

B   A

3.2cm

2.5cm

中心

用5根水引编制"发饰结"。先在水引中心将A重叠在B上制作成水滴形的环。用夹子固定交叉部分。

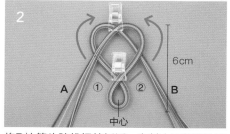

2

A ① ② B

6cm

中心

将B按箭头防线扭转折返，在其上面折返A重叠起来。用夹子固定交叉的部分。

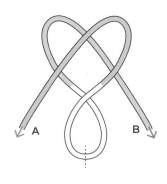

A   B

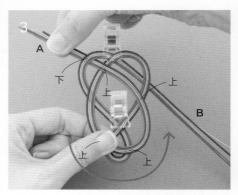

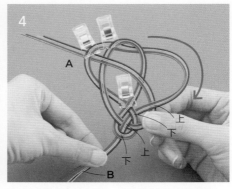

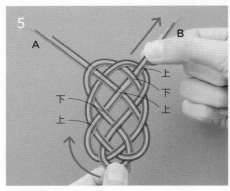

将A按箭头方向扭转，用步骤1所制作的环重叠，按上→上→上→上→下的顺序穿过。

用夹子固定A的前端，将B按箭头方向扭转，按上→下→上→下的顺序穿过步骤1和步骤3所制作的环。

将B按箭头方向扭转沿上→下→上→下→上的顺序穿过。

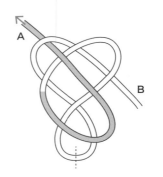

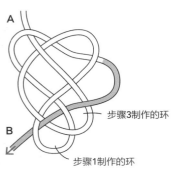

步骤3制作的环

步骤1制作的环

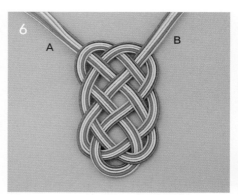

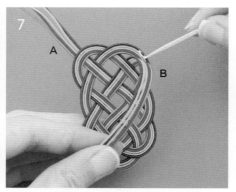

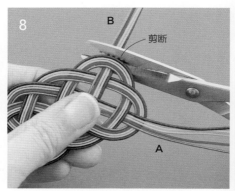

拉紧水引整形，调整整体的空隙。

拿起B，在重叠面上涂抹木工胶粘贴起来。

将花片翻面，B沿环的曲线剪断。

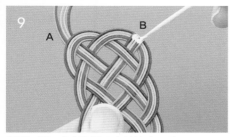

9 翻到正面，在剪断的**B**上涂抹木工胶。

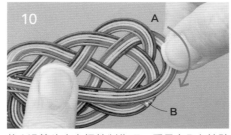

10 将**A**沿箭头方向扭转制作环，重叠在**B**上粘贴起来。

11 用夹子固定静置，待干透。

12 剪断**A**。粘贴时，从正面看不到剪断的多余水引。

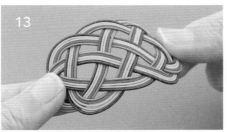

13 用手指从花片反面压出圆弧状地进行整形。

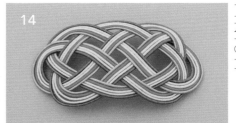

14 在花片的空隙处穿过腰带绳后使用。

P.31 松结发夹

尺寸：花片 纵向3.8cm×横向**7** cm

材料

· 水引 60cm×5根
· 发夹金属配件（60mm·金色）1个
· 木工胶
· 金属强力胶

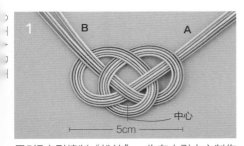

1 用5根水引编制"松结"。先在水引中心制作5cm的横向"淡路结"（→P.37）。此时，将左右环放大。

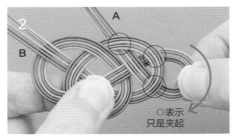

2 将**A**向右扭转制作环，夹在淡路结右环下方。用夹子固定交叉的部分。

○表示只是夹起

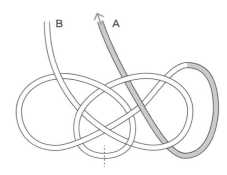

71

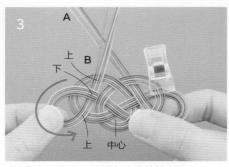
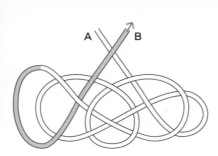

将**B**朝左制作环，重叠在淡路结的左环上。

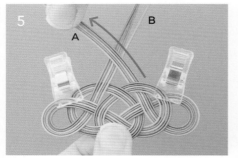

用夹子固定在图片所示的位置上。

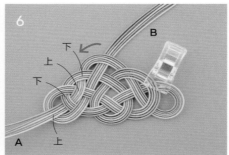

将**A**朝上，与**B**交叉。

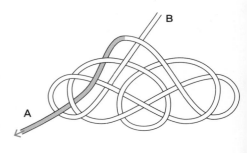

将**A**按下→上→下→上的顺序穿过2个左环。穿的过程中将夹子取下来。

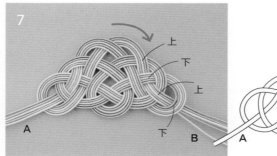

将**B**按上→下→上→下的顺序穿过2个右环。穿的过程中将夹子取下来，拉紧水引整形。

重点
难以同时穿过5根时，按内侧水引的顺序1根根穿过。

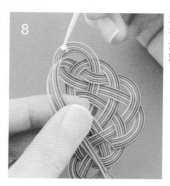

8 拿起水引，在重叠面上涂抹木工胶粘贴起来。

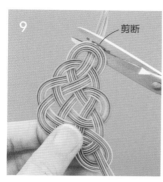

9 剪断

将要剪断的水引朝向反面，沿环的曲线剪断。

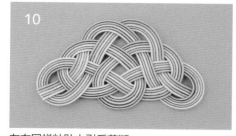

10

左右同样粘贴水引后剪断。

11 反面

为了不从正面看到发夹，用同色系的水引（不含在材料用量内）无规则地穿缝在花片的空隙内。

12 正面

从正面看，确认是否能掩盖空隙。

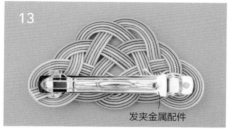

13

发夹金属配件

在发夹金属配件上涂抹金属强力胶，粘贴在花片反面的下方。

FINISH

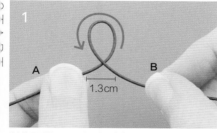

P.32　**环形项链**

尺寸：花片 纵向15cm、项链长度60cm

材料

・水引　90cm×5根
・圆形开口圈（0.6×3mm・镀铑）2个
・连接夹扣（5mm・镀铑）2个
・项链链条（40mm・镀铑）1个
・木工胶　・透明薄塑板　・纸胶带

1

1.3cm

A　留出4cm　B

制作配件。用1根水引编制"搭扣结"。开端留出4cm，**B**朝上制作环。

2

A　B

从上方将**B**穿过步骤1制作的环，制作第2个环，调整至与第1个环大小一致。

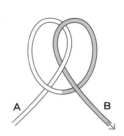

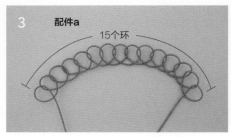

配件a

15个环

重复步骤2，共制作15个环。此为配件a。

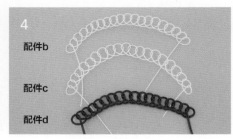

配件b

配件c

配件d

与步骤1～3同样，制作配件b、c、d。配件b制作20个0.9cm的环，配件c制作21个1cm的环，配件d用2根水引制作18个1cm的环。

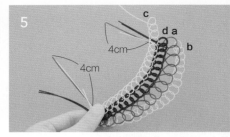

c

d a

4cm

4cm

b

配件按b→a→d→c的顺序叠放，对齐侧边的环拿起。将两端的水引长度对齐剪至4cm。

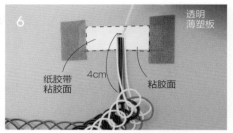

透明薄塑板

纸胶带粘胶面

4cm

粘胶面

将纸胶的粘胶面朝上固定在透明薄塑板上，水引头部对齐并排粘贴。在顶端0.5cm处涂抹木工胶，待完全干透。

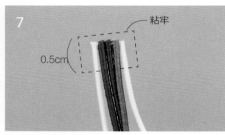

粘牢

0.5cm

两头都用木工胶粘牢。

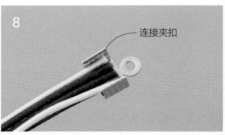

连接夹扣

将水引顶端放入连接夹扣上。

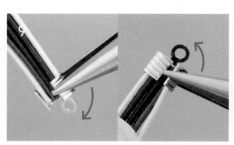

用平嘴钳分别将连接夹扣压折起来。

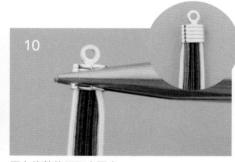

用力将整体压下去固定。

另一侧也用同样方法完成。

用剪钳将项链链条部分对半剪开。

圆形开口圈

用圆形开口圈分别将链条的顶部与连接夹扣相连。

FINISH

淡路结串项链

尺寸：花片 纵向3cm×横向8.5cm、 项链长度48cm

材料

- 水引 90cm×3根
- 圆形开口圈（0.6mm×3mm·镀铑）2个
- 马夹扣（6mm·镀铑）2个
- 项链链条（40mm·镀铑）1条
- 木工胶

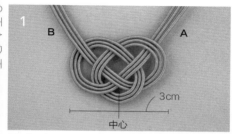

用3根水引，纵向连接"相连淡路结"。在3根水引的中心，编制3cm的横向淡路结（→P.37）。

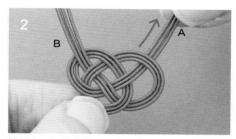

拉紧A，只缩小左环，整理成不对称的形状。

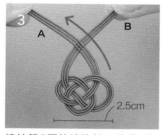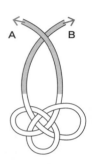

编结第2层的淡路结。先将A朝上交叉，作成水滴形的环。

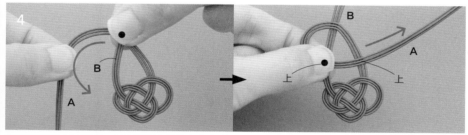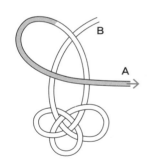

用右手压住交叉部分，将A重叠在B的上方作成环。用左手压住B和交叉的部分，松开右手。

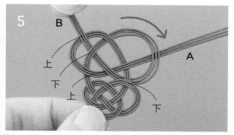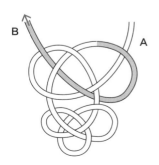

将B按箭头方向绕，重叠在A上制作环，按下→上→下→上的顺序穿过。

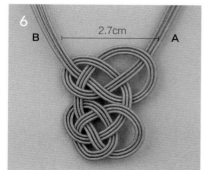

第2层做的要比第1层大1圈。按步骤2同样方法缩小左环，第2层的淡路结完成。

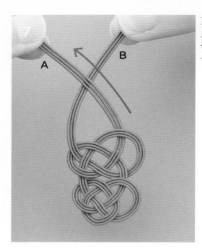

第3层后也是将A朝上交叉作成水滴形的环，与步骤3~6一样将右环做的比下一层大一些，编结5层淡路结。

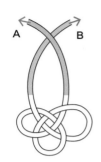

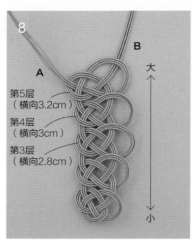

完成第5层淡路结后的样子。

第5层
（横向3.2cm）

第4层
（横向3cm）

第3层
（横向2.8cm）

大

小

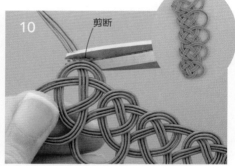

拿起水引，在重叠的面上涂抹木工胶粘贴起来。

将要剪断的水引朝向内侧，沿环的曲线剪断。两端也都同样粘贴剪断。

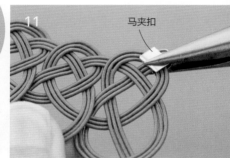

将花片的顶端（淡路结环小的一侧）用马夹扣夹起，用平嘴钳压住固定。

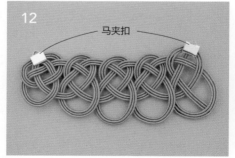

同样在左右两侧装上马夹扣。

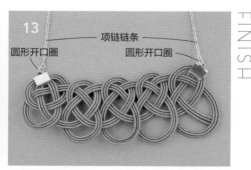

用剪钳将项链链条对半剪开，用圆形开口圈与马夹扣相连。

FINISH

淡路结串手链

尺寸：花片 纵向2cm、手腕周长17cm

材料

- 水引 90cm×6根
- 圆形开口圈（0.6mm×3mm·金色）2个
- 马夹扣（15mm·金色）2个
- 手链搭扣（金色）1个
- 木工胶

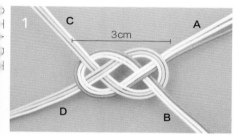

将2对3根水引，编结3cm的横向"环绕淡路结"（→P.43）。

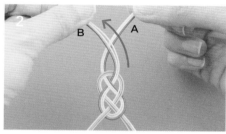

将花片纵向，用水引A和B纵向连接"相连淡路结"。B朝上交叉，作成水滴形的环。

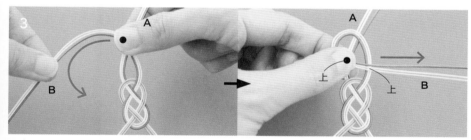

用右手压住交叉部分，将B放在A的上面重叠制作环。用左手压住与A的交叉处，松开右手。

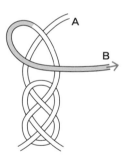

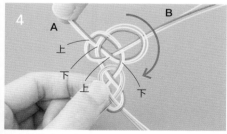

将A按箭头方向扭转，在B的上方重叠，制作环，按下→上→下→上的顺序穿过步骤2和步骤3制作的环。

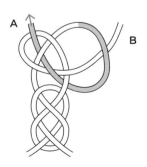

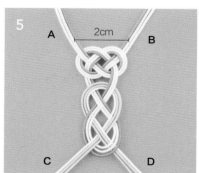

拉紧水引，整形。调整至环绕淡路结和淡路结间没有间隙。

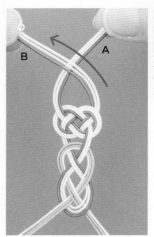

第2层以后也是将B朝上交叉，作成水滴形的环，按同样方法重复制作步骤2～5的淡路结。

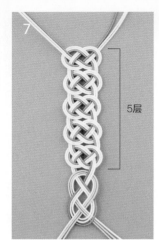

共编结5层。

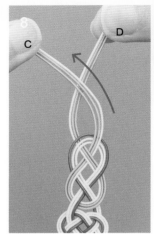

将花片上下反转，用水引C和D纵向编结"相连淡路结"。C朝上交叉作成水滴形的环，按步骤2～7同样方法编结。

共编结5层。

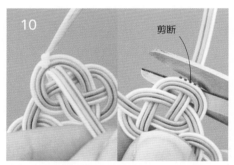

剪断

拿起水引，在重叠面上涂抹胶水粘贴起来。将要粘贴的水引朝向反面，沿环的曲线剪断。

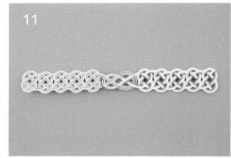

剩下的3处也同样按步骤10的方法粘贴剪断。

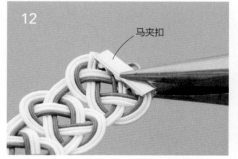

马夹扣

用马夹扣夹住花片的顶端，用平嘴钳压住固定。

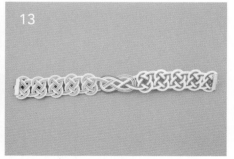

在花片的两端，装上马夹扣。

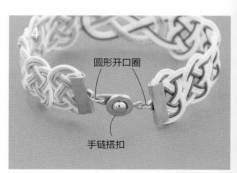

圆形开口圈

手链搭扣

用圆形开口圈在马夹扣上与手链搭扣相连。